AF355655

L'ART

DE

MULTIPLIER LES SERINS.

IMPRIMERIE DE PLASSAN,

RUE DE VAUGIRARD, N° 15.

SERINS.
3
2
1

L'ART

DE

MULTIPLIER LES SERINS,

DE LES ÉLEVER, DE LES INSTRUIRE

ET DE LES GUÉRIR

DES MALADIES AUXQUELLES ILS SONT SUJETS.

PARIS,

BAUDOUIN FRÈRES, ÉDITEURS,

RUE DE VAUGIRARD, N. 17.

1828

L'ART

DE

MULTIPLIER LES SERINS,

DE LES ÉLEVER, DE LES INSTRUIRE

ET DE LES GUÉRIR

DES MALADIES AUXQUELLES ILS SONT SUJETS.

CHAPITRE Ier.

Considérations générales sur les serins.

Avec moins de force d'organe, moins d'étendue dans la voix, moins de variété dans les sons, le serin a plus d'oreille que le rossignol, plus de facilité d'imitation et plus de mémoire. Il est capable de reconnaissance et même d'attachement pour ceux qui le gouvernent; ses caresses sont aimables, ses petits dépits innocens, et sa colère même ne blesse ni n'offense personne. Comme il est très-susceptible de recevoir et de conserver les impressions étrangères, son éducation est facile ; et on l'élève avec plaisir, parce qu'on l'instruit avec succès. Il quitte la mélodie de son chant naturel pour se prêter à l'harmonie de nos voix et de nos instrumens ; il applaudit, il accompagne, et nous rend au-delà de ce qu'on peut lui donner. Il retient facilement, et prononce de petites phrases, siffle avec précision plusieurs airs de flûte sans les confondre, et se prête, avec une étonnante docilité, à exécuter tous les petits exercices auxquels on veut le former. Le rossignol, fier de son talent, semble vouloir le conserver dans toute sa pureté, et paraît dédaigner les nôtres : son gosier est un chef-d'œuvre de la nature auquel l'homme ne peut rien changer ; celui du serin est un modèle de grâces d'une trempe moins ferme, que nous pouvons modifier à volonté. Le serin chante en tout temps ; il nous récrée dans les jours sombres ; il fait l'amusement des jeunes personnes et des gens sédentaires : enfin il est de tous les oiseaux celui qui prend le plus de part et qui contribue le plus aux agrémens de la société.

C'est de l'heureux climat des Hespérides que nous vient ce charmant oiseau ; mais comme les tiges primitives des animaux se dénaturent par une longue captivité, nous croyons devoir donner ici la description du serin des Canaries sous son plumage naturel. On verra, en le comparant avec nos belles variétés *jaune citron*, *jonquille* ou *doré*, qu'il a acquis dans la domesticité des couleurs plus pures et plus brillantes. Sa taille est un peu plus ramassée et sa tête plus grosse que dans le serin domestique ; les plumes qui recouvrent la tête, ainsi que celles du dessus du cou et du dos, sont grises sur les bords et brunes dans le milieu ; le croupion, les côtés de la tête, le front, la gorge, le devant du cou, la poitrine, sont d'un vert jaune, varié sur les flancs de traits bruns ; une teinte blanchâtre domine sur le ventre dans sa partie inférieure, ainsi que sur les petites couvertures des ailes et les couvertures du dessous de la queue : les supérieures sont pareilles au croupion ; une couleur rembrunie teint les grandes couvertures, les pennes alaires et caudales, dont les bords extérieurs sont d'un vert jaune ; le bec est couleur de corne et terminé de noirâtre ; les pieds sont bruns : la femelle a des teintes moins vives.

Il est facile de reconnaître par cette description combien notre serin s'éloigne de ce type naturel, que nous avons tellement altéré d'ailleurs que les individus que nous possédons semblent avoir perdu jusqu'au sentiment de leur liberté ; et qu'ils ne pourraient plus désormais subsister dans nos climats s'ils étaient privés de notre protection et de nos soins.

Tout le monde connaît le plumage du serin domestique ; il serait superflu d'entrer ici dans aucun détail à cet égard : il suffit de faire observer que ces belles couleurs que nous admirons ne sont qu'à l'extrémité des plumes, et qu'elles sont blanches dans tout le reste de leur étendue.

CHAPITRE II.

Variétés du serin.

Dans notre climat, la couleur ordinaire du serin est le jaune citron, tirant plus ou moins sur le blanc, et uniformément répandue sur tout le corps et même sur le ventre ; mais la captivité.

la diversité des alimens, et principale-
ment les assortimens des différentes races ont fait varier à l'infini la couleur de
cet oiseau. Nous allons désigner ces prin-
cipales variétés, en commençant par les
plus communes, et finissant par les plus
rares :

1. Le serin gris commun. Celui-ci n'a
presque pas dégénéré de la race primi-
tive : son duvet est noirâtre ainsi que dans
le canari sauvage.

2. Le serin gris, aux duvets et aux
pates blanches, qu'on appelle *race de
panachés*.

3. Le serin gris à queue blanche, race
de panachés.

4. Le serin blond commun.

5. le serin blond aux yeux rouges.

6. Le serin blond doré.

7. Le serin blond aux duvets, race
de panachés.

8. Le serin blond à queue blanche,
race de panachés.

9. Le serin jaune commun.

10. Le serin jaune aux duvets, race de panachés.

11. Le serin jaune à queue blanche, race de panachés.

12. Le serin agate commun.

13. Le serin agate aux yeux rouges.

14. Le serin agate à queue blanche, race de panachés

15. Le serin agate aux duvets, race de panachés.

16. Le serin isabelle commun.

17. Le serin isabelle aux yeux rouges.

18. Le serin isabelle doré.

19. Le serin isabelle aux duvets, race de panachés.

20. Le serin blanc aux yeux rouges.

21. Le serin panaché commun.

22. Le serin panaché aux yeux rouges.

23. Le serin panaché de blond.

24. Le serin panaché de blond, aux yeux rouges.

25. Le serin panaché de noir.

26. Le serin panaché de noir, jonquille, aux yeux rouges.

27. Le serin panaché de noir, jonquille et régulier.

28. Le serin plein. c'est-à-dire pleinement et entièrement jaune jonquille, qui est le plus rare.

29. Le serin plein à huppe ou plutôt à couronne. Il était autrefois peu commun ; c'est un des plus beaux.

Indépendamment de ces variétés, qui paraissent être les premières de l'espèce pure du serin des Canaries transporté dans nos climats, il y en a d'autres qui proviennent de son mélange avec le venturon ou serin d'Italie, et avec le cini ou serin vert de Provence : car non-seulement ces trois oiseaux peuvent produire ensemble ; mais les petits sont des métis féconds dont les races se perpétuent. Il en est de même du mélange des canaris avec les tarins, les chardonnerets, les linottes, les bruants, les pinsons : on prétend même qu'ils peuvent produire avec le moineau. Ces espèces d'oiseaux, quoique en apparence assez éloignées de celle du canari, ne laissent pas de s'unir et de produire avec lui, lorsqu'on prend les précautions et les soins nécessaires pour les apparier. La première attention est de séparer les canaris de tous ceux de leur espèce, et la seconde d'employer à ces essais la femelle plutôt que le mâle : car on s'est assuré que la serine canari produit avec tous les oiseaux que nous venons de nommer ; mais il n'est pas également certain que le mâle canari puisse produire avec les femelles de tous ces mêmes oiseaux.

Il résulte des expériences qui ont été faites à ce sujet qu'il n'y a que le tarin dont le mâle et la femelle produisent également avec le mâle ou la femelle du serin ; que cette femelle produit aussi assez facilement avec le chardonneret, un peu moins aisément avec le mâle linotte ; et qu'enfin elle peut produire, quoique plus difficilement, avec les mâles pinsons, bruants et moineaux, tandis que le serin mâle ne peut féconder aucune de ces dernières femelles.

La première variété, qui paraît constituer deux races distinctes dans l'espèce du canari, est composée des canaris panachés et de ceux qui ne le sont pas. Les blancs ne sont jamais panachés, non plus que les jaunes citron ; seulement, lorsque ces derniers ont quatre ou cinq ans, l'extrémité des ailes et de la queue devient blanche. Les gris ne sont pas d'une seule couleur grise ; il y a sur le même oiseau des plumes plus ou moins grises ; et dans un nombre de ces oiseaux gris, il s'en trouve d'un gris plus clair, plus foncé, plus brun et plus noir. Les agates sont de couleur uniforme ; seulement il y en a dont la couleur agate est plus claire ou plus foncée. Les isabelles sont plus semblables; leur couleur ventre de biche est constante et toujours uniforme soit dans le même oiseau. soit dans plusieurs individus. Dans les panachés, les jeunes jonquille sont panachés de noirâtre; ils ont ordinairement du noir sur la tête. Il y a des canaris panachés dans toutes les couleurs simples que nous avons indiquées, mais ce sont les jaunes jonquille qui sont le plus panachés de noir.

CHAPITRE III.

Du naturel des serins.

Les serins ont presque tous des inclinations et un tempérament différent les uns des autres. Il y a des mâles qui sont toujours tristes, rêveurs pour ainsi dire, et presque continuellement bouffis, chantant rarement, et ne chantant que d'un ton lugubre ; ils mettent des temps infinis à apprendre, et ne savent jamais que très-imparfaitement ce qu'on leur a montré, et, le peu qu'ils savent, ils l'oublient aisément à la première mue, ou autre maladie ; ils prennent un tel chagrin de se voir couverts lors de l'instruction, que souvent ils en meurent. Enfin, pour les tirer de leur apathie, il faut leur donner pour instituteurs de vieux serins ardens et pleins de vivacité : alors ils chantent et s'animent un peu. Ces mêmes serins sont souvent d'un naturel si malpropre, qu'ils ont toujours les pates et la queue sales. Ils ne peuvent plaire à leur femelle, qu'ils ne réjouissent jamais par leur chant, même dans le temps que ses petits viennent d'éclore, et d'ordinaire ces petits ne valent pas mieux que leur père ; en outre, le moindre accident qui arrive dans leur ménage les rend taciturnes, les attriste et les désole au point d'en mourir. Ainsi ces oiseaux doivent être rejetés par ceux qui veulent faire couver des serins et leur donner de l'éducation.

D'autres ont un caractère si méchant, qu'ils tuent la femelle qu'on leur donne; mais ces mauvais mâles ont quelquefois des qualités qui réparent en quelque sorte ce défaut, comme, par exemple, d'avoir un chant melodieux, un beau plumage, et d'être très-familiers. On doit conserver ces oiseaux, mais ne pas les apparier. Cependant il y a un moyen de dompter le caractère d'un pareil mâle : pour cela on prendra deux fortes femelles, d'un an plus vieilles que lui; on met ces deux femelles quelques mois ensemble dans la même cage, afin qu'elles se connaissent bien, et que, n'étant pas jalouses l'une de l'autre,

elles ne se battent pas lorsqu'elles n'auront qu'un seul mâle. Un mois avant le
temps qu'on les met couver, on les lâchera toutes deux dans une même cabane, et quand le temps de les accoupler
sera venu, on mettra ce mâle avec elles :
il ne manquera pas de vouloir les battre;
mais elles se réuniront pour leur défense
commune, finiront par lui imposer, et
le vaincront ensuite par l'amour. Ces
sortes d'alliances forcées réussissent souvent mieux que d'autres de qui on attendait beaucoup, et qui la plupart du
temps ne produisent rien.

Il y en a d'autres d'un naturel si barbare, qu'ils cassent et mangent les œufs
lorsque la femelle les a pondus; ou si
ce père dénaturé la laisse couver, à
peine les petits sont-ils éclos qu'il les
saisit avec le bec et les traîne dans la
cage jusqu'à ce qu'ils soient morts. Pour
remédier au premier accident, il faut
ôter le premier œuf que la femelle aura

pondu et en mettre un d'ivoire à la place, en faire autant le lendemain pour le second, à l'instant même qu'il vient d'être pondu, afin que le mâle n'ait pas le temps de le casser, et continuer ainsi jusqu'au dernier; alors la femelle n'ayant plus besoin du mâle pour la féconder, on enferme celui-ci de suite dans une cage séparée, mais placée à proximité de celle de la femelle, et on l'y tient pendant qu'elle couve. Les œufs doivent être mis, à mesure qu'on les retire, dans une petite boîte de sapin remplie de sable de vitrier, afin de les conserver fraîchement et qu'ils ne soient pas exposés à se casser.

Quant au mâle qui ne touche point aux œufs, mais qui tue ses petits, on le met aussi dans une cage particulière, posée de même, la veille où les petits doivent éclore. Il ne faut pas craindre que la privation de sa femelle lui cause de l'ennui et du dégoût, et que celle-ci abandonne sa couvée ; elle l'élèvera très-bien sans son secours, si elle est de bonne race. Mais aussitôt qu'on aura ôté les petits pour les nourrir à la brochette, on lâchera le prisonnier et on le rendra à sa femelle : il faut en user de même à chaque couvée. On doit penser que des serins d'un pareil naturel doivent être rejetés, et que ces moyens ne sont indiqués que pour les personnes qui veulent absolument les faire couver.

On remarque encore parmi les serins des individus toujours sauvages, d'un naturel rude, farouche, d'un caractère indépendant, qui ne veulent être ni touchés, ni caressés, qui ne veulent être ni gouvernés, ni traités comme les autres. De pareils serins réussiraient certainement s'ils étaient en pleine liberté ; une prison étroite, telle qu'une cage ou une cabane, ne leur convient point ; il leur faut une chambre ou une volière en plein air. Cependant, si on ne peut faire autrement que de les tenir en cabane, une fois posée dans un lieu quelconque, il ne faut plus y toucher, ni se mêler de leur ménage; on leur fournira seulement le nécessaire, et on les laissera vivre à leur fantaisie.

Il y a des mâles d'un tempérament faible, indifférens pour leurs femelles, toujours malades après la nichée; il ne faut pas les apparier, car on a remarqué que leurs petits leur ressemblent. Il y en a d'autres qui sont si pétulans, qu'ils battent leur femelle pour la faire sortir du nid, et l'empêchent de couver; ceux-ci sont les plus robustes, les meilleurs pour le chant, et souvent les plus beaux pour le plumage et les plus familiers. On doit leur donner deux femelles, ou les traiter comme ceux qui cassent les œufs ou qui tuent leurs petits.

Enfin il est des serins toujours gais, toujours chantans, d'un caractère si doux, d'un naturel si heureux, si familiers, qu'ils prennent à la main et même à la bouche tout ce qu'on leur présente ; bons maris, bons pères, susceptibles en un mot de toutes les bonnes impressions et doués des meilleures inclinations, ils recréent sans cesse leur femelle par leur chant, prennent un tel soin d'elle qu'ils lui dégorgent à chaque instant sa nourriture favorite, la soulagent dans la pénible assiduité de couver, semblent l'inviter à changer de situation, couvent eux-mêmes pendant quelques heures de la journée, et nourrissent leurs petits dès qu'ils sont éclos. Outre ces bonnes qualités propres au ménage, ils sont susceptibles d'une éducation plus perfectionnée ; ils apprennent aisément des airs de flageolet et de serinette, et les poussent d'un ton plus élevé que les autres. C'est d'après ces serins qu'il faut juger l'espèce, puisque ce sont les plus communs ; et même le mauvais naturel de ceux qui cassent les œufs ou tuent les petits, n'est souvent qu'apparent, il vient de leur tempérament trop amoureux : c'est pour jouir de leur femelle plus pleinement et plus souvent qu'ils la chassent du nid et lui ravissent les plus chers objets de son affection. Aussi la meilleure manière de faire nicher ces derniers n'est pas de les séparer et de les mettre en cabane, il vaut mieux leur donner une chambre où il y aura plus de femelles que de mâles. Pendant que l'une couvera, ils en chercheront une autre ; d'ailleurs les mâles, par jalousie, ne laissent pas de se donner entre eux de fortes distractions, et l'on assure que lorsqu'ils en voient un trop ardent tourmenter sa femelle et vouloir casser ses œufs, ils le battent assez pour amortir ses désirs.

La même différence pour le caractère et pour le tempérament se fait remarquer dans les femelles comme dans les mâles. Les femelles agates sont les plus faibles, ainsi que les mâles de cette couleur, et meurent assez souvent sur leurs œufs; elles sont remplies de fantaisies, et souvent quittent leurs petits pour se donner au mâle. Les panachées sont assidues sur leurs œufs, et bonnes à leurs petits; mais les mâles étant les plus ardens de tous les canaris, ont besoin de deux et même de trois femelles, sans cela ils les tourmentent dans leur nid et cassent les œufs. Ceux qui sont entièrement jonquilles, ont à peu près la même pétulance; il leur faut aussi plusieurs compagnes, mais les femelles de cette couleur sont plus douces. Il est enfin des femelles qui sont très-paresseuses : telles sont les grises; il faut que celui qui les soigne fasse leur nid pour elles; mais ce sont ordinairement de bonnes nourrices.

CHAPITRE IV.

Des différentes nourritures propres aux serins.

La nourriture ordinaire des serins et celle qui leur convient davantage, se compose de navette, de millet, d'alpiste et de chénevis, mélangés dans les proportions suivantes : un demi-litron de chénevis, un demi-litron d'alpiste, un litron de millet et six litrons de navette, le tout soigneusement vanné. On conserve ce mélange dans une boîte de chêne bien fermée, pour qu'il n'y entre aucune ordure, et on en met dans la mangeoire une quantité suffisante pour deux jours au moins, afin que les serins qui auront mangé la graine blanche le

premier jour, mangent la noire le second, et par ce moyen ne deviennent
pas si gras et chantent mieux. Cette
nourriture leur suffit pendant toute leur
vie; ce qu'on y ajoute est plus nuisible
qu'utile : néanmoins, dans quelques cir-
constances dont nous parlerons, on leur
donne de la graine d'œillette, de laitue,
d'argentine ou talitron et de plantain.

Quand les serins sont accouplés, et
mis dans une cage particulière, outre
cette nourriture ordinaire, on leur donnera un petit morceau d'échaudé ou de
biscuit dur, surtout lorsqu'on s'aperçoit
que la femelle est prête à pondre; il faut
leur donner encore, pendant les huit premiers jours qu'ils sont en cage, beaucoup
de graine de laitue, cela les rafraîchit.

Le temps le plus difficile pour gou-
verner les serins est celui où ils ont des
petits; et c'est alors qu'on doit redou-
bler de soins. La veille du jour où ils
doivent é clore, qui est le treizième jour

que la femelle couve; on changera le
sable fin et tamisé qu'on a eu la précaution de mettre dans leur cage dès l'instant qu'ils y sont entrés, afin que si la
femelle pond dans le bas de la cage,
l'œuf ne soit pas endommagé, et que,
dans le cas où un petit tomberait du
nid, il ne se blesse pas; on nettoiera
tous les bâtons avec un peu d'eau chaude; on remplira la mangeoire de nouvelle graine, après avoir ôté l'ancienne;
on leur mettra aussi de l'eau fraîche, et
tout cela afin de ne les point tourmenter les premiers jours de la naissance
des petits; on leur donnera aussi une
moitié d'échaudé, dont on aura ôté la
croûte de dessus, plus un petit biscuit,
l'un et l'autre bien rassis, parce que, s'ils
étaient tendres, les oiseaux en mange-
raient beaucoup, et buvant ensuite par-
dessus, ils étoufferaient infailliblement.
Tant que cet échaudé et ce biscuit du-
reront, on ne leur en donnera point d'au-

tre. Mais à l'égard de la nourriture suivante, on fera bien de la leur renouveler deux ou trois fois le jour, surtout pendant les grandes chaleurs. Cette nourriture consiste en un quartier d'œuf dur, blanc et jaune, haché fort menu, et en un morceau d'échaudé trempé dans de l'eau et pressé dans la main, le tout placé sur une petite soucoupe. On met dans un autre vase de la graine ordinaire, qu'on aura retirée de l'eau où on l'aura fait tremper deux heures auparavant. Il est mieux encore de faire jeter un bouillon à l'eau dans laquelle trempe la graine ; on jette cette eau, et on lave la graine dans une eau bien fraîche ; cela ôte à la graine sa force et son âcreté. On leur donnera, mais en petite quantité, de la verdure, telle que du mouron, du séneçon, et, à défaut de ces plantes, un cœur de laitue pommée, un peu de chicorée et un peu de plantain bien mûr. On leur présentera cette nourriture trois fois par jour, le matin à cinq ou six heures, à midi et vers les cinq heures du soir. Chaque fois on ôtera ce qui sera resté de l'ancienne nourriture, de peur qu'elle ne s'aigrisse. On peut aussi leur donner de temps en temps de la graine d'œillette, de laitue et d'argentine, qu'on mêlera bien ensemble dans un petit pot : la verdure ne se donnera qu'avec précaution. On fera très-bien de mettre un petit morceau de réglisse dans leur boisson, cela est préférable au sucre.

Comme, dans leur pays natal, les serins se tiennent sur les bords des petits ruisseaux et des ravines humides, et qu'il faut, autant qu'il est possible, se rapprocher en tout de la nature, on aura soin de ne jamais les laisser manquer d'eau, tant pour boire que pour se baigner. Le vase devra être peu profond, afin d'éviter qu'ils ne se noient, et on renouvellera tous les jours l'eau de l'auget et de la baignoire. En général, leur tempérament ne pèche que par trop de chaleur: le bain leur est donc nécessaire, même en toute saison; car si l'on met dans leur cage ou dans leur volière un plat chargé de neige, ils se coucheront dedans et s'y tourneront plusieurs fois avec une expression de plaisir, et cela dans le temps même des plus grands froids. Ce fait prouve assez qu'il est plus nuisible qu'utile de les tenir dans des endroits chauds.

CHAPITRE V.

Des qualités des graines dont on nourrit les serins.

Pour avoir des serins bien constitués, robustes et bien portans, on doit leur donner des graines de choix ; mais, pour s'en procurer, il faut des connaissances qu'il est nécessaire d'indiquer. Les graines qui sont en usage sont au nombre de huit, savoir : la graine de navette, de millet, de chénevis, d'alpiste, d'œillette, de laitue, d'argentine ou talitron et de plantain.

La *navette* est une petite graine ronde, dont la couleur tire un peu sur le violet; elle est douce et n'a aucune amertume; elle nourrit et rafraîchit en même temps les serins. Ceux que l'on nourrit avec cette graine seule n'engraissent pas autant que ceux qui mangent en quantité des autres. On doit la choisir, ni ancienne, ni nouvelle; dans le premier cas, elle ne sent que la poudre; dans le second, elle donne le dévoiement aux serins; il faut qu'elle ait au moins six mois; et pour n'être point trompé, il faut l'acheter avant le mois de mars.

Le *millet* est une graine menue.

blanche, une fois plus grosse et moins ronde que la navette ; le plus blanc est le meilleur, le jaune ne convient qu'à la volaille. Cette graine, plus douce et plus savoureuse que la navette, nourrit et échauffe les oiseaux ; mais elle les engraisse considérablement : c'est pourquoi il ne faut pas leur en donner en trop grande abondance ; on doit même les en sevrer quelquefois.

Le *chénevis* est une graine que tout le monde connaît ; le moins gros est le meilleur ; il doit être d'un gris argenté. Sa qualité est de nourrir, d'engraisser et d'échauffer beaucoup ; mais on en doit donner très-peu aux serins, si ce n'est dans le fort de l'hiver ; le meilleur a un petit goût de noisette qui leur plaît beaucoup.

L'*alpiste* est une graine dorée, moins grosse que le millet, mais moitié plus longue, finissant en pointe à ses deux extrémités ; il engraisse et échauffe les serins ; son goût est à peu près celui du millet : on doit leur en donner en petite quantité, car on assure qu'il leur brûle les entrailles ; cependant c'est la nourriture des serins des Canaries dans leur pays natal.

La graine d'*œillette* vient d'une plante qui ressemble au pavot ; elle est grise et fort déliée, et a un petit goût sucré ; sa qualité est de resserrer, c'est pourquoi on en donne aux serins dévoyés.

La graine de *laitue* est plate, longue et d'un gris de perle ; elle est rafraîchissante : on en donne de temps à autre aux serins pour les faire vider : la plus nouvelle est la meilleure.

La graine d'*argentine* ou *talitron* est très-fine et d'une couleur rouge ; elle a la propriété de resserrer les serins qui peuvent en manger ; mais beaucoup n'en veulent pas.

Enfin la graine de *plantain* est noire :

elle nourrit et échauffe : on leur en donne rarement.

CHAPITRE VI.

De la pâte propre à réveiller l'appétit des serins.

Cette pâte se nomme *salègre*. On prend pour la faire de la terre grasse, telle qu'on en donne quelquefois aux pigeons; on y met une petite quantité de sel ; on y joint une quantité suffisante de bon millet et d'alpiste , avec un peu de chénevis; on pétrit le tout avec cette terre rouge comme si on faisait du pain ; on en fait ensuite de petites parts du poids d'un quartron environ : on les met au four, et on les y laisse jusqu'à ce qu'elles soient totalement desséchées ;

dès qu'elles sont refroidies, on peut, dans le jour même, la donner aux serins. Cette pâte, ainsi préparée, se conserve toute l'année sans se gâter, pourvu toutefois qu'elle soit mise dans un lieu très-sec.

CHAPITRE VII.

A quoi l'on distingue les serins mâles des femelles, et les jeunes des vieux.

La femelle ressemble quelquefois si fort au mâle, qu'il n'est pas aisé de les distinguer au premier coup d'œil; cependant le mâle a toujours les couleurs plus fortes que la femelle; la tête un peu plus grosse et plus longue; les tempes d'un jaune plus orangé, et vers la racine du bec, dessus, et surtout dessous, une espèce de flamme jaune qui descend beaucoup plus bas que sous le bec de la femelle; il a aussi les jambes plus longues; sa marche est plus vive: enfin il commence à gazouiller presque aussitôt qu'il mange seul. Il est vrai qu'il y a des femelles qui gazouillent aussi; mais leurs phrases sont plus courtes et leurs sons moins forts.

La femelle des serins gris se distingue aisément, en ce qu'elle n'a point de jaune dans son plumage; celle des panachés est blanche, et le mâle est jaune.

La couleur, les pieds, la force, le chant, distinguent les vieux des jeunes; les premiers ont les teintes plus foncées, plus vives que les jeunes de leur race; leurs pieds ont des écailles plus brillantes, plus rudes; les ongles sont plus gros, plus longs. Les derniers ont des écailles peu apparentes; le pied paraît uni, et les ongles sont courts. Après deux mues, les vieux sont plus vigoureux, ont le corps plus plein que les jeunes, qui sont ordinairement très-fluets. Le chant de l'adulte a plus de force, plus d'étendue et plus de durée ; celui du jeune n'est entièrement formé qu'un an après sa naissance.

Une vieille femelle se reconnaît à ses pieds et à son corps plus arrondi que celui de la jeune : enfin son gazouillement est plus fort que celui de cette dernière , qui se tait pour l'ordinaire pendant les six premiers mois de sa jeunesse.

CHAPITRE VIII.

De la manière d'apparier les serins pour avoir de belles races.

Lorsqu'on apparie des canaris de couleur uniforme, les petits qui en proviennent sont de la même couleur. On ne doit attendre d'un mâle et d'une femelle de couleur grise que des oiseaux gris : il en est de même des blancs, des blonds, des isabelles, des agates, des jaunes : tous produiront leurs semblables en couleurs. Mais si l'on mêle ces différentes couleurs, en donnant, par exemple, une femelle blonde à un mâle gris, ou une femelle grise à un mâle blond, et ainsi dans toutes les autres combinaisons, on aura des oiseaux qui seront plus beaux que ceux des races de même couleur ; et comme ce nombre de combinaisons de races que l'on peut croiser est presque inépuisable, on peut encore tous les jours obtenir des nuances et des variétés qui n'ont pas encore paru. Il n'est pas toujours nécessaire d'employer des serins panachés pour que leurs petits le soient, il suffit seulement que le père ou la mère provienne de panachés (1) ;

---

(1) On connaît si des serins gris, jaunes,

mais pour en avoir de très-beaux, on
assortira un mâle panaché de blond
avec une femelle jaune, queue blanche;
ou bien un mâle panaché avec une femelle blonde, queue blanche ou autre, excepté seulement la femelle grise,
queue blanche. Lorsqu'on veut se procurer un beau jonquille, il faut mettre
un mâle panaché de noir avec une femelle queue blanche.

Les blonds, mâles et femelles, sont
fort délicats; leur nichée réussit rarement. Les isabelles ont quelque ré-
pugnance à s'apparier ensemble. Les

---

blonds, etc., sont de races panachées, 1° par quelques plumes blanches qu'ils ont à la queue; 2°
par quelques ergots blancs aux doigts; 3° par le
duvet, lorsqu'en prenant l'oiseau dans la main,
on souffle les plumes du ventre; ce petit duvet
est blanc, attaché à la plume et de couleur diffé-
rente à l'extérieur; les uns en ont plus, les autres
moins, et il ne vient ordinairement qu'après la
première mue.

blancs en général sont bons à tout ; ils couvent et produisent aussi bien et mieux qu'aucun des autres, et les blancs panachés sont aussi les plus forts de tous.

A l'égard du mélange du serin avec des chardonnerets, des tarins, des linottes, des pinsons, des bruants, des verdiers et des bouvreuils, voici les observations qui ont été faites.

Pour se procurer des oiseaux en appariant des canaris avec des chardonnerets, il faut prendre dans le nid de jeunes chardonnerets de dix à douze jours, et les mettre dans des nids de canaris du même âge, les nourrir ensemble, et les laisser dans la même volière, en accoutumant les chardonnerets à la même nourriture que les canaris. On met pour l'ordinaire un chardonneret mâle avec un canari femelle. On réussit aussi, quoique moins sûrement, en accouplant une serine avec un chardonneret pris au filet ; mais il faut que celui-ci ait passé au moins un an avec les serins. Il peut arriver qu'ils ne produisent pas la première année; mais on ne doit pas se rebuter. Dans tous les cas, une condition essentielle, c'est que le chardonneret soit habitué au millet et à la navette, nourriture ordinaire des serins. Quand les petits sont éclos, on peut mettre dans la mangeoire de la graine de chardon ou de séneçon. On a remarqué que les produits de ce mélange ressemblent à leur père par la tête, la queue, les jambes, et à leur mère par le reste du corps.

L'union du canari avec le tarin réussit très-bien; il n'est même pas toujours nécessaire de les séparer; il suffit souvent de lâcher dans la volière des serins plusieurs tarins, pourvu que ces derniers soient tous mâles ou tous femelles: on les verra aussitôt s'apparier les uns avec les autres.

Le mélange des serins avec des linottes

doit se faire en mettant une linotte mâle avec un canari femelle. Les petits n'ont pas la couleur blanche de la mère, ni le rouge du père, comme quelques personnes l'ont prétendu.

Les pinsons et les bruans sont très-difficiles à unir avec les canaris. Il n'en est pas de même du verdier; les métis qui proviennent de ce dernier mélange ont une couleur généralement bleuâtre, et chantent très-mal.

Quant aux bouvreuils, leur alliance avec les serins réussit fort rarement. On choisit ordinairement un bouvreuil mâle, de la petite espèce, qu'on a élevé jeune; on le tient pendant un an renfermé avec la femelle canari, qui doit être dans sa première année, n'avoir pas encore pondu, et n'avoir eu aucune communication avec les mâles de son espèce; et on aura même l'attention de placer la cage de manière que cette femelle canari ne puisse entendre leur cri ni leur chant. Vers l'époque où les petits doivent éclore, on retire le bouvreuil de la cage; car, malgré les soins qu'il prend de la serine pendant la couvaison, il lui arrive quelquefois de tuer les petits, en leur ouvrant la tête à coups de bec. Ces petits ont un plumage singulier, et sont susceptibles d'une éducation parfaite.

Ces oiseaux bâtards qui proviennent de tous ces mélanges ne sont pas des mulets stériles, mais, comme nous l'avons dit, des métis féconds, qui peuvent s'unir et produire, non-seulement avec leurs races maternelle et paternelle, mais même reproduire entre eux des individus féconds, dont les variétés peuvent aussi se mêler et se perpétuer. Mais il faut convenir que le produit de la génération de ces métis n'est pas aussi certain ni aussi nombreux, à beaucoup près, que dans les espèces pures : ces métis ne font ordinairement qu'une ponte par an, et rarement deux. On prétend que parmi ces métis il se trouve bien plus de mâles que de femelles, puisque sur dix-neuf petits, provenu d'une femelle canari et d'un chardonneret, un observateur attentif a trouvé qu'il y avait seize mâles. Ces métis sont plus forts, ont la voix plus perçante, l'haleine plus longue que les canaris de l'espèce pure, et vivent aussi plus longtemps; on en a vu pousser leur carrière jusqu'à dix-huit et même vingt ans.

Les plus beaux métis sont ceux qui sortent du chardonneret, ce sont aussi les meilleurs chanteurs; les plus curieux et les plus rares naissent de l'alliance du bouvreuil; les plus communs viennent de l'accouplement du tarin, de la linotte et du verdier; mais les plus recherchés de tous pour leur ramage et leur beauté, sont ceux qui sortent des mâles serins et des femelles étrangères; ils sont infiniment difficiles à obtenir.

Comme, en général, la beauté des espèces ne se perfectionne et ne peut se
maintenir qu'en croisant les races, et
qu'en même temps la force et la vigueur
du corps dépendent presque en entier
de la bonne proportion des membres,
ce n'est que par les mâles qu'on peut
ennoblir ou relever les races : on aura
donc le soin de choisir toujours les plus
beaux pour les apparier.

CHAPITRE IX.

De la manière d'apparier deux femelles avec un
seul mâle.

Pour faire cette double alliance, il
faut choisir un mâle fort, vigoureux et
très-vif, ce qui se reconnaît à plusieurs
signes; par exemple, lorsqu'il chante
d'un ton fort élevé, long-temps et sou-

vent ; lorsqu'il ne reste pas un instant à la même place et qu'il est sans cesse en mouvement dans sa cage. Le choix fait, on a deux petites cages, dans chacune desquelles est une femelle : on les pose de manière qu'elles se communiquent par une porte, et on y lâche le mâle; appelé par les deux femelles, il ira de l'une à l'autre, et les satisfera toutes deux. On peut se servir d'une seule cabane, mais il faut qu'elle soit grande, et qu'il y ait une petite séparation au milieu, pour que les deux femelles, qui se trouvent dans les paniers posés aux deux extrémités de la cabane, ne soient point distraites en se voyant; la planche qui formera cette séparation doit être mince, et ne descendre au plus qu'à moitié de la hauteur de la cabane, ce qui suffit pour remplir le but qu'on se propose.

CHAPITRE X.

Des cages et cabanes propres aux serins.

Quoique ce ne soit pas la meilleure manière de faire nicher ces oiseaux que de les mettre en cage ou en cabane, puisqu'ils multiplient mieux et se plaisent davantage dans une chambre ou dans une grande volière bien exposée au soleil et au levant d'hiver, l'on ne doit pas pour cela rejeter ce moyen, qui convient aux personnes qui n'ont point un local assez spacieux, ou à celles qui ne veulent avoir qu'une ou deux paires de serins.

Parmi les cages que l'on donne aux canaris, la plus commode est celle qui est longue, large à proportion et d'une bonne hauteur, afin que l'oiseau qui l'habite ne puisse s'étourdir, ayant de quoi voler en hauteur, et se promener en longueur; il devient par là plus fort et plus robuste. Il ne doit point y avoir d'augets aux deux côtés, pour que l'on puisse toujours voir à découvert l'oiseau, quelque éloigné que l'on en soit. Les deux augets sont en plomb, placés dans le bas et enchâssés dans le tiroir, de sorte qu'en le tirant, ce qui se fait par le derrière de la cage, on attire à soi en même temps les deux augets où est la nourriture de l'oiseau. Ces deux augets doivent être grillés par-devant de place en place en dedans de la cage, afin que le serin, ne pouvant passer que la tête, ne renverse pas sa graine.

Une cage construite de la manière que je viens de le dire présente plusieurs avantages : 1° l'oiseau ne peut se dérober à la vue par aucun mouvement; 2° il n'a point continuellement devant les yeux sa pâture lorsqu'il est perché sur les bàtons ; il mange moins souvent, prend en conséquence moins de graisse, n'est pas sujet à *l'avalure*, maladie qui provient pour l'ordinaire de trop manger, et dont ils guérissent très-rarement quand ils en sont atteints ; 3° elle est pour eux d'une grande commodité lorsqu'ils sont indisposés, ou qu'ils ont mal aux pates, puisqu'ils trouvent leur nourriture de plain-pied, sans être obligés de monter sur leurs bàtons, où ils ne peuvent se soutenir.

La meilleure cabane est celle qui est construite en bois de chêne ou de noyer, dont les fonds et les tiroirs sont tout d'une pièce. Celles en bois de sapin sont, il est vrai, à meilleur marché, mais aussi elles ont un grand inconvénient ; car, après avoir servi une année, elles se déjettent de toutes parts et donnent une retraite assurée aux mites et aux punaises ; les quatre faces doivent être en fil de fer, avec deux portes aux deux côtés, aussi grandes que celle du milieu. Cette espèce de cabane doit être préférée, parce qu'on voit les oiseaux à découvert dans telle situation qu'on les place dans l'appartement. Les deux portes servent à faciliter le passage des serins d'une cabane à l'autre, sans qu'on soit obligé de les toucher, soit pour les nettoyer, soit pour toute autre chose. De plus, avec une pareille construction, on peut faire de plusieurs de ces cabanes réunies une grande volière, en les approchant, les serrant l'une contre l'autre, et en ouvrant toutes les portes de communication.

CHAPITRE XI.

De l'époque de l'accouplement des serins.

On ne peut pas déterminer précisément l'époque de l'accouplement des

serins; mais une attention indispensa-
ble à avoir, c'est de ne jamais presser
le temps de la première nichée : on a
coutume de permettre à ces oiseaux de
s'unir vers le 20 ou le 25 de mars; et
l'on ferait mieux d'attendre le 12 ou le
15 d'avril. Car, lorsqu'on les met ensemble dans un temps encore froid, ils
se dégouttent souvent l'un de l'autre ;
et si par hasard les femelles font des
œufs, elles les abandonnent, à moins
que la saison ne devienne plus chaude;
on perd donc une nichée tout entière en
voulant avancer le temps de la première.

Quand le moment de les apparier est
venu, on prend une cage neuve, ou bien
nettoyée, en cas qu'elle ait déjà servi;
on y met un serin mâle avec la femelle
qu'on lui destine : une petite cage leur
convient mieux qu'une grande, parce
qu'étant plus serrés et plus près l'un de
l'autre, ils font plus tôt connaissance.
Quand on les aura laissés pendant huit

ou dix jours dans cette cage et qu'ils seront bien appariés, ce qu'on reconnaîtra
quand ils ne se battront plus , on les lâchera dans la cabane qu'on leur destine,
et qui est munie de tout ce qui est nécessaire à la construction de leur nid.
On placera cette cabane au levant pré-
férablement à toute autre exposition
ainsi que nous l'avons déjà dit.

CHAPITRE XII.

Des matériaux propres à la construction du nid.

On donne communément aux serins
pour la construction de leur nid, de la
bourre de cerf ou de vache, neuve, du
petit foin, de la mousse, du coton ou de
la filasse hachés et du chiendent ; mai

de tous ces matériaux, il n'y en a que
deux ou trois dont ils peuvent avanta-
geusement se servir : le petit foin menu
pour former le corps du nid, et un peu
de mousse ou de bourre de cerf pour
l'achever ; on doit faire attention à
ce que le tout soit bien séché au soleil
avant de leur être présenté. Ces derniers
matériaux sont indispensables lorsqu'il
y a dans le couple apparié un chardonneret ou un tarin, parce que ces oiseaux
les emploient de préférence.

On trouve chez les faiseurs de ver-
gettes un chiendent qui est très-propre
à la construction du nid : on choisit le
plus délié, on le secoue bien pour faire
tomber la poussière ; il est mieux de le
laver et de le faire sécher au soleil, ensuite on le coupe et on l'éparpille dans
la cage. Ce chiendent peut suffire seul
pour faire le nid ; il lui donne plus de
solidité qu'on n'en peut attendre des
autres matériaux.

Ce qui convient le **mieux aux serins** pour placer leurs nids, ce sont des petits paniers d'osier, des espèces de sabots et des petits vaisseaux de terre ; les paniers sont préférables, pourvu qu'ils ne soient pas trop grands. On ne leur en présente d'abord qu'un, pour que les oiseaux ne s'amusent pas à porter tantôt dans un panier, tantôt dans l'autre, avant de s'occuper réellement de faire leur nid. Mais douze jours après que les petits sont éclos, on pourra leur en donner un second, qu'on placera du côté opposé au premier, parce qu'alors ils font une seconde ponte, quoiqu'ils nourrissent encore leurs petits.

Pour les serins paresseux, comme les panachés, il vaut mieux faire soi-même le nid ; ils n'ont que la peine de le raccommoder, s'ils ne le trouvent pas bien.

CHAPITRE XIII.

De la ponte et de l'incubation.

Il y a des femelles infécondes qui ne pondent point du tout ; d'autres, au contraire, qui font quatre et même cinq pontes par an, chacune de quatre, cinq, six et quelquefois de sept œufs ; communément elles font trois pontes, et la mue les empêche d'en faire davantage ; néanmoins quelques femelles couvent pendant la mue, pourvu que leur ponte soit commencée avant ce temps. Les femelles jonquilles ne font que trois pontes de trois œufs chacune. Les femelles qui ne font qu'une ponte, se reposent souvent après avoir pondu leur premier œuf, et ne pondent le second que deux ou trois jours après.

Le moment de la ponte est ordinairement à six ou sept heures du matin ; on prétend que lorsqu'elle retarde seulement d'une heure, c'est que la femelle est malade : la ponte se fait ainsi successivement de jour en jour. Cependant il faut faire une exception pour le dernier œuf, qui est ordinairement retardé de quelques heures et souvent même d'un jour. On fera bien de séparer les mauvais œufs des bons; mais, pour les reconnaître d'une manière sûre, il faut attendre qu'ils aient été couvés pendant huit ou neuf jours. On prend doucement chaque œuf par les deux bouts, crainte de les casser; on les mire au grand jour ou à la lumière d'une bougie, et l'on rejette tous ceux qui sont clairs, ils ne feraient que fatiguer inutilement la femelle si on les lui laissait. En triant ainsi les œufs clairs, on peut assez souvent de trois couvées n'en faire que deux ; la troisième femelle se trouvera libre, et travaillera bientôt à une autre nichée.

Le temps de l'incubation est de treize jours, et lorsqu'il y a un jour de plus ou de moins, cela paraît venir de quelque circonstance particulière. Le froid retarde l'exclusion des petits, et le chaud l'accélère : aussi arrive-t-il souvent que la première couvée, qui se trouve au mois d'avril, dure treize jours et demi ou quatorze jours; et, au contraire , à la troisième couvée, qui se fait pendant les grandes chaleurs des mois de juillet ou d'août, il arrive quelquefois que les petits sortent de l'œuf au bout de douze jours et demi et même de douze jours.

CHAPITRE XIV.

Des accidens qui peuvent survenir pendant
l'incubation.

Il arrive quelquefois qu'un serin mâle
tombe malade lorsque sa femelle a le
plus besoin de lui, soit lorsqu'elle va
pondre ses œufs, soit quand ses petits
ont sept à huit jours, époque où un bon
mâle doit la soulager dans les soins
qu'exige leur nourriture ; si le serin est
alors atteint d'une maladie quelconque,
on le retirera de sa cabane, et on le mettra à part dans une petite cage. On cher-
chera à découvrir quelle peut être la
maladie dont il est attaqué, et après l'a-
voir reconnue, on y apportera le remède
qui convient, et qui doit se trouver dans
ceux indiqués ci-après. On commencera

par mettre le malade au soleil, et on lui soufflera un peu de vin blanc sur le corps, remède qui convient à toutes les maladies ; ensuite on le traitera suivant le mal qu'il aura. Si, malgré cela, sa maladie empire, et si la femelle commence à se tourmenter de l'absence de son mâle, on doit en substituer un autre à la place du malade : cependant il est des femelles qui, bien que privées de leur mâle, nourrissent très-bien leurs petits ; d'autres sont moins indifférentes ; mais il en est fort peu qui supportent l'absence de leur mâle pendant huit à dix jours ; et pour qu'elles ne se chagrinent pas trop, on le leur fait voir de temps en temps, en mettant sa petite cage dans la cabane. Cette incommodité vient ordinairement de ce qu'il s'est trop échauffé avec sa femelle, ou de ce qu'il a mangé en trop grande quantité des nourritures succulentes qu'on leur prodigue alors.

Le remède infaillible, pour la première maladie, est de lui donner sept à huit jours de repos ; et pour la seconde, il suffit de lui faire faire diète plusieurs jours, pendant lesquels on ne lui donnera que de la navette pour toute nourriture. Après ce traitement, on le lâchera avec sa femelle, et l'on reconnaîtra aisément par son maintien et son empressement auprès d'elle s'il est guéri ou non ; mais si la maladie l'attaque de nouveau, il faut le retirer et ne plus le remettre, quoiqu'il en guérisse, car c'est une preuve d'un tempérament trop délicat. On donne alors à la femelle un autre mâle ressemblant à celui qu'elle perd ; à défaut, on lui en donne un de même race ; car il y a ordinairement plus de sympathie entre ceux qui se ressemblent qu'avec les autres, à l'exception des serins isabelles, qui donnent la préférence à des femelles d'une autre cou-

leur ; mais il faut que ce nouveau mâle
ait déjà été apparié.

Si la femelle tombe malade, on lui
fera le même traitement qu'au mâle ;
néanmoins si elle couve, il faudra retirer ses œufs et les donner à d'autres
femelles qui couvent à peu près dans le
même temps, ainsi que ses petits, s'ils
sont trop jeunes pour être élevés à la
brochette, quand même le mâle les
nourrirait ; puisque tels soins qu'il en
eût, ils mourraient de froid, n'ayant
plus leur mère pour les échauffer.

Il arrive des accidens faute de précaution, comme de casser des œufs pour
n'avoir pas fait assez d'attention. Une
femelle, au lieu de pondre dans son panier, fait son œuf dans un coin de sa
cabane ; souvent il est couvert par la
verdure qu'on lui a donnée la veille, et
d'après cela très-exposé à être cassé
lorsqu'on nettoie la cage, ce qui doit se

faire tous les matins. Dès que cette femelle est dans sa ponte, l'œuf doit se
trouver dans la cage, s'il n'est pas dans
le nid : on le cherche donc plutôt des
yeux que de la main : et quand on l'a
trouvé, on le prend délicatement avec
les doigts par les deux bouts, il sera
moins en risque d'être cassé qu'en le
prenant par le milieu, et on le placera
dans le nid.

Les femelles, dans le temps de leur
ponte, sont sujettes à une maladie fort
grave, dont voici les symptômes : elles
sont bouffies, ne veulent plus manger,
quelquefois même elles sont si malades
que, ne pouvant plus se tenir sur leurs
pates, elles se renversent sur le sable ;
si on ne les secourt pas promptement,
elles périssent. Cette maladie, dont elles
sont attaquées le soir ou dès le grand
matin, est ordinairement la ponte ; s'il
en est ainsi, on prend dans sa main l'oiseau malade, et on met avec la tête d'une

grosse épingle de l'huile d'amande douce aux conduits de l'œuf; ce qui dilatera les pores et en facilitera le passage, mais si cela ne suffit pas, on fera avaler à la serine quelques gouttes de cette même huile, ce qui appaisera les douleurs aiguës et les tranchées qu'elle ressent. On la laissera dans une petite cage couverte d'une étoffe chaude, et garnie de petit foin ou de mousse, et on l'exposera au soleil ou devant le feu, jusqu'à ce qu'elle ait pondu et repris sa première vigueur. On lui donne alors pour alimens de la graine bouillie, de l'échaudé sec et de la graine d'œillette; si, malgré ces bonnes nourritures, elle a de la peine à revenir, on lui soufflera quelques gouttes de vin blanc, et on lui en fera avaler un peu de tiède, dans lequel on met du sucre candi ou autre. Si on vient à bout de la guérir, on ne doit pas lui laisser ses œufs, s'il y en a de pondus, car elle ne retournera pas au nid, et on doit les donner à couver à d'autres. Cette maladie ne les attaque ordinairement qu'à la ponte du premier ou du second œuf; mais il en est qui en sont attaquées au dernier, et beaucoup en meurent, si on ne leur apporte un prompt secours.

Il y a des femelles qui, huit ou dix jours après la naissance de leurs petits, leur arrachent les plumes à mesure qu'elles poussent. On remédie à cet inconvénient de deux manières différentes : on la prive de ses petits, s'ils sont en état d'être élevés à la brochette, ou si l'on est obligé de les lui laisser, on met les petits avec le nid dans une petite cage posée au milieu de la cabane; mais il faut que les grilles de cette petite cage soient éloignées les unes des autres à une distance suffisante pour que les père et mère puissent leur donner la becquée sans les déplacer, et aussi facilement que s'ils n'étaient pas renfermés dans cette petite prison.

Il arrive quelquefois que des femelles
suent sur leurs petits, quand ils n'ont
que deux ou trois jours, et même aussitôt qu'ils sont nés ; on s'en aperçoit aisément, puisque la femelle a pour lors
les plumes du dessous du ventre et de
l'estomac mouillées, et que le duvet des
petits s'étend très-difficilement, ce qui
cause la mort à un grand nombre ;
mais ils sont hors de danger lorsqu'ils
ont atteint six à sept jours quand la
femelle sue : le seul remède est de
retirer les petits de dessous la mère, et
de les donner à une autre femelle qui
ait des petits du même âge, autrement
il est rare que la couvée réussisse.

On a souvent des femelles qui pondent trois ou quatre œufs à la première
couvée, et qui ensuite les abandonnent.
Pour s'en assurer on laisse les œufs
deux ou trois jours dans le nid; et si
décidément elles n'y retournent point,
ce qu'elles indiquent souvent en défai-

sant le nid, on ôtera les œufs et on les mettra sous d'autres femelles qui couvent. Cependant Hervieux a remarqué qu'ordinairement les œufs de ces femelles sont clairs, ce dont elles s'aperçoivent très-bien, ce qui fait qu'elles refusent de les couver. Il ne faut pas néanmoins rejeter de pareilles femelles, car c'est très-souvent à de jeunes que cela arrive, et souvent à la première couvée, tandis qu'elles amènent à bien toutes celles qui suivent. Comme il peut cependant se rencontrer des femelles (ce qui est très-rare) qui ne veulent jamais couver ou qui ne couvent que leur dernière ponte, on les laissera toujours pondre et on donnera leurs œufs à couver à d'autres, après les avoir néanmoins laissés dans le nid pendant un jour ou deux pour sonder leurs dispositions.

Il est des femelles qui couvent très-bien, mais qui ne veulent pas nourrir leurs petits; il faut alors avoir la précaution de les leur ôter, et de les donner promptement à une autre femelle dont les petits soient à peu près de la même force. Lorsque dans une couvée il s'en trouve de moins avancés en âge que les autres, on doit user du même moyen ; car il arrive souvent que ceux qui sont les plus forts, ou les étouffent, ou les font périr de faim en s'emparant de la nourriture que leur apportent les père et mère.

Si l'on a des femelles qu'on soupçonne de n'avoir pas soin de leurs petits, telles sont souvent les agates, les blanches et les jaunes aux yeux rouges, les blondes, les jonquilles, et même quelques pana-chées, il faut retirer les œufs avant que les petits soient éclos, et les passer sous des femelles grises auxquelles on ôte les leurs pour les jeter si on n'a pas d'autres femel-les pour les couver: il suffit qu'une femelle couve depuis quatre à cinq jours pour pouvoir lui donner des œufs prêts à éclore.

Quelquefois une femelle tombe malade quelques jours après que ses petits sont éclos, ou les abandonne; si alors on n'en a pas d'autre à laquelle on puisse les donner à nourrir, il faudra aussitôt se procurer une nichée de moineaux très-jeunes, et en mettre quelques-uns dans le nid des petits serins, afin qu'ils puissent entretenir leur chaleur naturelle, et on leur donnera la becquée d'heure en heure, jusqu'à ce qu'ils aient atteint douze jours. Si le temps est froid, on les couvrira avec une petite peau d'agneau très-douce et mollette. On nourrit les moineaux d'une nourriture plus commune que les serins, pour qu'ils ne deviennent pas trop gros en peu de temps.

Tels sont les accidens les plus ordinaires qui peuvent arriver aux serins lorsqu'ils sont en cabane; mais ils sont très-rares si on les tient dans une chambre ou dans une grande volière.

CHAPITRE XV.

—

De l'époque où l'on doit retirer à la femelle ses petits pour les élever à la brochette.

On est quelquefois obligé de nourrir les petits, soit parce que la mère les abandonne ou est malade, soit pour toute autre cause. J'ai indiqué à la page précédente la manière de les élever dans ces cas imprévus; mais il en est autrement si on veut les apprivoiser et si on les destine à apprendre des airs de serinette ou de flageolet; on les sèvre alors de leur mère, s'ils sont de race délicate, au quatorzième jour, et au douzième s'ils sont de race robuste. Si, dit Hervieux, on les retire trop tôt, ils dépérissent de jour en jour, tombent en langueur et meurent. Si on les laisse trop long-temps avec leurs père et mère, ils ne veulent point prendre la becquée, de telle manière qu'on s'y prenne, et se laisseraient mourir de faim si on ne les rendait promptement à leurs parens. Cependant le temps indiqué ci-dessus paraît trop long à des oiseleurs ; ils les ôtent à la mère dès le huitième jour, en enlevant le nid avec le boulin.

CHAPITRE XVI.

De la composition de différentes pâtes convenables pour élever les serins à la brochette.

On met dans un grand mortier ou sur une table unie, en deux ou trois fois, un demi-litron de graine de navette bien sèche et bien vannée ; on l'écrase avec un rouleau de bois, en le roulant et déroulant plusieurs fois, de façon que, la

navette se trouvant bien broyée, on
puisse en faire séparer aisément l'enve-
loppe et qu'elle reste nette ; on y ajoute
environ trois échaudés secs, écrasés et
réduits en poudre, dont on a ôté la première croûte, et un petit biscuit ; le tout
étant convenablement mêlé, on le met
dans une boîte neuve de chêne et on la
pose dans un lieu qui ne soit pas exposé
au soleil. On prend de cette poudre une
cuillerée ou plus, selon le besoin ; par
ce moyen on trouve dans le moment la
nourriture du serin toute faite, en y
ajoutant un peu de jaune d'œuf et une
goutte d'eau pour humecter le tout.
Mais cette composition ne vaut plus rien
après vingt jours, parce que la navette
pilée s'aigrit ; passé ce temps, s'il en
reste, on doit la donner aux vieux serins. La pâte composée par Hervieux
paraît bien meilleure. « Les trois premiers jours, dit-il, que je commence à
donner la becquée aux petits serins, je

prends un morceau d'échaudé dont la croûte est ôtée, à cause de son amertume ; j'y ajoute un très-petit morceau de biscuit, le tout dur, et je les réduits en poudre ; j'y mets ensuite une moitié ou plus, selon le besoin que j'en ai, d'un jaune d'œuf dur, que je trempe avec un peu d'eau, le tout bien délayé, en sorte qu'il n'y ait aucun durillon. Il ne faut jamais que la pâte soit trop liquide, car, lorsqu'on la leur donne ainsi, elle ne les nourrit pas si bien, et à tout moment ils demandent ; ils sont même dévoyés lorsque le composé est trop liquide, et ils ont de la peine à en revenir ; mais lorsque la pâte est un peu plus ferme, elle reste plus long-temps dans leur jabot et les nourrit mieux. Quand l'œuf est dur et frais, le blanc se délaie aussi bien que le jaune, et ne les échauffe pas tant que s'il n'y avait que du jaune. »

Après les trois premiers jours écoulés, il ajoute à cette pâte une pincée de navette bouillie sans être écrasée, elle nourrit les petits sans les échauffer. Si, malgré cela, on s'aperçoit qu'ils le sont, on y ajoute une pincée de graine de mouron, la plus mûre que l'on puisse se procurer. Cette pâte, qui s'aigrit aisément d'après les ingrédiens qui y entrent, doit être renouvelée deux fois par jour dans les plus grandes chaleurs. Néanmoins s'il y a des petits malades, on met, au lieu d'eau, du lait de chénevis, qu'on se procure en écrasant cette graine dans un mortier avec un peu d'eau, et l'exprimant fortement dans un linge blanc; mais il ne faut user de ce remède que dans un besoin urgent, parce qu'il échauffe extraordinairement.

CHAPITRE XVII.

Des règles à observer pour donner ou refuser à propos la nourriture aux jeunes serins.

Ce n'est pas assez de connaître la manière de faire la pâte propre aux jeunes serins, il faut encore savoir leur refuser ou leur donner leurs alimens à propos ; le moindre excès de nourriture, le défaut d'ordre dans leur alimentation, les rend minces, maigres et fluets : de pareils oiseaux résistent difficilement à la maladie de la mue, et de ceux qui lui échappent, les femelles sont ordinairement de de mauvaises couveuses, périssent souvent aux premiers œufs qu'elles pondent, et les mâles, toujours languissans, sont presque toujours inféconds. Avec un régime bien observé, tous deviennent

au contraire aussi forts et aussi robustes
que s'ils étaient élevés par les père et
mère. Je conseillerai donc aux amateurs
de serins de leur laisser élever leurs petits, s'ils ne les destinent pas à l'éducation dont je parlerai plus bas. Autrement,
voici la règle que l'on doit suivre pour
avoir une réussite parfaite. On leur
donnera la becquée, pour la première
fois, à six heures et demie du matin au
plus tard ; la seconde fois, à huit heures ;
la troisième, à neuf heures et demie ; la
quatrième, à onze heures ; la cinquième,
à midi et demi ; la sixième, à deux heures ; la septième, à trois heures et demie ;
la huitième, à cinq heures ; la neuvième,
à six heures et demie ; la dixième, à
huit heures ; la onzième et dernière, à
huit heures trois quarts.

Cette dernière becquée n'est cependant pas absolument nécessaire, car
souvent à cette heure-là les petits serins
reposent ; s'ils la refusent, il faut les

laisser tranquilles. On leur présente chaque fois quatre ou cinq becquées avec
une petite brochette de bois bien unie,
mince par le bout, et de la longueur de
deux pouces au plus.

Lorsque les jeunes serins auront vingt-
quatre ou vingt-cinq jours, on cessera
de leur donner la becquée, surtout lorsqu'on les verra saisir assez bien la pâte
qu'on leur offre : pour les jonquilles et
les agates, on doit continuer de les faire
manger jusqu'au trentième jour. Quand
ils commenceront à manger seuls, on
mettra ces jeunes oiseaux dans une cage
sans bâtons, où il y aura dans le bas un
peu de foin ou de mousse bien sèche.
Pendant le premier mois, on leur fournira une nourriture composée de chénevis écrasé, de jaune d'œuf dur, et de
mie de pain ou d'échaudé avec un peu
de mouron bien mûr; et pour boisson,
de l'eau dans laquelle il y aura un peu de
réglisse. On mettra aussi de la navette

sèche dans leur mangeaille. Il y a des serins qui, après avoir mangé seuls pendant plus d'un mois, tombent en langueur et redemandent la becquée; il ne faut pas la leur refuser : c'est un moyen sûr de les réchapper de la mue qui les tourmente alors.

CHAPITRE XVIII.

De l'éducation des jeunes serins.

Lorsqu'on veut instruire un jeune serin mâle avec le flageolet ou la serinette, on le met dans une cage séparée, huit ou quinze jours après qu'il mange seul, ou plus tôt s'il commence à gazouiller, ce qui est une preuve certaine que c'est un mâle et qu'il est en bonne santé. Pendant les premiers huit jours, on couvrira la cage d'une toile fort claire, et on la placera dans une chambre éloignée de tout autre oiseau, de sorte qu'il ne puisse entendre aucun ramage, et on jouera l'air qu'on veut lui apprendre de la manière qui va être indiquée, en observant que, si c'est avec un flageolet, il faut que les tons ne soient pas trop élevés. Ces huit jours écoulés, on remplacera cette toile claire avec une serge verte ou rouge très-épaisse, et on laissera l'oiseau dans cette situation jusqu'à ce qu'il sache parfaitement son air. Lorsqu'on lui donne sa nourriture, qui doit être au moins pour deux jours, il ne faudra le faire que le soir, et jamais pendant le jour, afin qu'il ne soit pas distrait et qu'il apprenne plus promptement sa leçon.

Un prélude et un seul air suffisent à sa mémoire, car un plus grand nombre et même un air trop long le fatiguent, et il les oublie facilement. Ces oiseaux n'ont pas tous la même aptitude à s'instruire ; les uns se déclarent au bout de

deux mois, il en faut à d'autres plus de
six. On ne doit pas croire qu'il résultera,
d'un grand nombre de leçons, des pro-
grès plus rapides ; au contraire, l'on fa-
tigue l'écolier, et l'on finit par le dégoû-
ter. Cinq ou six leçons par jour suffisent : on en donnera deux le matin en
se levant, deux vers le milieu du jour,
et deux le soir en se couchant. Il profite
plus avec celles du matin et du soir
qu'avec les autres, parce qu'alors, tout
étant calme, il a moins de dissipation,
et retient plus aisément ce qu'on lui en-
seigne. A chaque leçon, l'air doit être
répété au moins neuf ou dix fois de suite.
Il ne faut pas instruire deux serins dans
la même chambre, et encore moins
dans une même cage. Si l'on se permet
cette réunion, ce ne peut être que pour
peu de temps, et sitôt que l'un des
deux commencera à se déclarer, on doit
les séparer promptement et les éloigner
l'un de l'autre, de manière qu'ils ne

s'entendent pas, sans quoi ils rompront réciproquement leur chant.

Tous les serins ne sont pas susceptibles d'une pareille instruction ; les beaux jonquilles sont trop délicats et n'ont pas la voix assez forte. Les serins blancs ou gris queue blanche de bonne race sont ceux qui ont le plus de dispositions.

CHAPITRE XIX.

Des maladies des serins.

Que de maux à la suite de l'esclavage ! Ces oiseaux seraient-ils asthmatiques, galeux, épileptiques ? auraient-ils des inflammations, des abcès, si nous ne les privions point de leur liberté ? Ne leur devons-nous pas dès-lors tous les soins qui peuvent entretenir leur santé, nous qui causons leur misère ? Comme dans le nombre des maladies que nous allons décrire aucune ne leur paraît naturelle, excepté la mue, on peut les prévenir presque toutes en soumettant ces oiseaux à un régime alimentaire approprié à leur tempérament, et en les tenant dans un état de propreté extrême. Il faut donc les bien nettoyer; leur donner de l'eau pour se baigner; ne jamais les mettre dans des cages ou des cabanes de vieux ou de mauvais bois; ne pas leur donner de vieux paniers pour couver; ne les couvrir qu'avec des étoffes neuves et propres, où les teignes n'aient point travaillé; il faut enfin bien vanner et bien laver les graines et les herbes qu'on leur fournit. Avec ces attentions on éloignera d'eux des maladies, qui, sans cela, menacent continuellement leur vie.

Abcès. Les abcès qui affectent ces oiseaux d'un naturel chaud parviennent quelquefois à la grosseur d'un pois chiche : on les guérit en frottant la plaie avec du beurre frais, du sain-doux ou de la graisse de chapon, ou bien en touchant la partie malade avec un fer de la grosseur de l'œil de l'oiseau et rougi au feu, ce qui dessèche l'abcès s'il est aqueux, et le consume s'il est plâtreux; pendant ce temps, on donne au serin malade des feuilles de laitue, de poirée, de séneçon, de mouron et de raves.

Aile rompue, voyez *Jambe cassée*.

Asthme. On s'aperçoit qu'un serin est attaqué de ce mal lorsque à chaque instant il jette un petit cri qui sort de l'estomac. On le guérit avec de la graine de plantain et du biscuit dur trompé dans du vin blanc. Le sucre candi, simple ou violat, qu'on met fondre dans son eau est encore un remède assez efficace.

Avalure. Cette maladie, la plus dangereuse et la plus commune, surtout chez les jeunes serins, est d'une guéri-

son si difficile , que souvent on ne fait
que prolonger leur vie de quelques jours
Ils en sont ordinairement attaqués un
mois ou six semaines après leur naissance. Les signes qui l'indiquent sont
externes ; il semble que leur boyaux sont
descendus à l'extrémité de leur corps :
on voit les intestins enflammés à travers
la peau du ventre, qui est gros, fort
dur et couvert de petites veines rouges ;
les plumes de cette partie cessent de
croître et tombent ; l'oiseau maigrit.
Les uns ne laissent pas de manger malgré cette infirmité; d'autres sont toujours dans leur mangeoire et ne mangent pas ; tous meurent en peu de jours
si on ne vient promptement à leur secours. Deux causes contribuent à cette
maladie : 1° la qualité trop succulente
de la nourriture qu'on leur a donnée
pendant qu'on les élevait à la brochette,
comme le sucre et le biscuit, qui leur
brûlent le corps; 2° la grande quantité

d'alimens qui sont trop à leur goût et qu'ils prennent sans discrétion lorsqu'ils commencent à manger seuls. Pour les préserver de l'avalure, on doit retirer de leur cage la pâture dont on pense qu'ils mangent le plus, et on ne leur en donnera que de temps à autre, sans leur en faire une habitude. Si un oiseau en est attaqué, on le met dans une cage séparée, et on ne lui donne que de la graine de laitue et de l'eau dans laquelle on a fait fondre un petit morceau d'alun gros comme un pois, et on la renouvelle tous les jours pendant l'espace de trois ou quatre; on peut aussi, à la place d'alun, mettre un clou non rouillé dans leur eau, et on la changera deux fois la semaine, en laissant toujours le clou.

On indique encore un autre remède : c'est d'ôter le soir la boisson ordinaire, et de la remplacer par de l'eau salée; le lendemain matin, l'oiseau ne manque

pas d'en boire quelques gouttes, et lorsqu'il en a bu plusieurs fois, on retire
cette eau salée, et on lui remet sa boisson habituelle. On continue ainsi pendant cinq à six jours, et si l'on ne trouve
point d'amendement, on lui ôtera son
manger ordinaire, et on lui donnera de
la graine d'alpiste bouillie dans un petit
pôt, et dans un autre du lait bouilli
avec de la mie de pain ; on continuera
cette nourriture pendant quatre ou cinq
matinées de suite, et l'après midi, on
lui remettra sa pâture ordinaire : les
cinq jours expirés, on jettera dans son
eau, vers les six heures du matin, gros
comme la moitié d'une lentille de thé-
riaque, et on la lui laissera jusqu'à ce
qu'on l'ait vu boire une fois ou deux.
On lui continuera cette boisson pendant
trois jours de suite, après quoi on lui
donnera une pâte composée d'une pincée de millet, d'autant d'alpiste, d'un
peu de navette, et de quelques grains

de chénevis auxquels on fait jeter un bouillon, et qu'on met après dans de l'eau fraîche; on y joint le quart d'un œuf frais durci, un petit morceau de biscuit, plein une coquille de noix de graines de laitue, avec autant de graines d'œillette; et après avoir composé du tout une pâte, on en donnera à l'oiseau malade; on y joindra quelques feuilles de chicorée bien jaune. Il faut réitérer ce remède pendant tout le temps de la maladie.

Enfin un dernier remède, que l'on assure efficace, est de lui faire prendre un demi-bain dans du lait tiède, n'y mettant que le ventre et le bas ventre de l'oiseau pendant un quart d'heure. On lave ensuite ces parties avec de l'eau de fontaine tiède, et on les essuie avec un linge chaud; après quoi on pose l'oiseau auprès du feu ou au soleil, afin qu'il sèche, et on lui donne de la graine de laitue. Ce bain doit être répété trois fois, de deux jours l'un.

Bouton. Tous les oiseaux de cage sont sujets à cette maladie, et souvent ils se soulagent eux-mêmes en crevant un petit bouton survenu à la pointe du croupion, qui est alors plus gonflé qu'à l'ordinaire. Ce bouton ressemble à ceux qui viennent au nez, et est d'un blanc jaunâtre : si l'oiseau n'y remédie pas et qu'il en soit incommodé, ce qu'on voit à son silence et à sa mélancolie, on coupe la pointe de ce bouton ou on le comprime, ce qui vaut mieux ; il en sort alors de la matière comme d'une tumeur, et pour sécher la plaie on y met un petit grain de sel fondu dans la bouche.

Chancre dans le bec, voyez *Pépie.*

Constipation. On guérit cette maladie en leur mettant pendant deux jours une plume frottée d'huile commune dans le fondement; cette opération sera répétée deux fois par jour, et pendant le **même** temps on leur donnera du suc de bette pour boisson. Ce mal se reconnaît aux efforts que fait l'oiseau.

Épilepsie, voyez *Mal caduc.*

Extinction de voix, voyez *Peau cassée.*

Flux de ventre. Les symptômes de cette maladie sont un remuement et un serrement de queue presque continuels; les excrémens sont aussi plus liquides que de coutume. Il faut alors couper toutes les plumes qui sont autour de l'anus de l'oiseau, et le graisser avec de l'huile, lui retirer sa nourriture habituelle, et y substituer pendant deux jours la graine de melon mondée; pendant ce temps on met dans son eau un petit clou de fer exempt de rouille, ou une décoction légère de cornouiller.

Galle à la tête et aux yeux. Elles se guérissent comme les abcès. *V.* ce mot.

Jambe cassée ou *aile rompue*. Quand cet accident arrive, on retire tous les bâtons ou juchoirs qui sont dans la cage; on pose le boire et le manger dans le bas, que l'on garnit de petit foin et de mousse, et on tient la cage dans un lieu où l'oiseau ne soit nullement inquiété, afin qu'il voltige le moins possible; après quoi on abandonne sa guérison à la nature.

Langueur. L'oiseau qui en est atteint a le corps gros et enflé, la chair toute couverte de veines rouges, l'estomac extrêmement maigre, et n'est occupé toute la journée qu'à jeter sa mangeaille. Cette maladie provient de ce que les serins sont tenus dans un endroit sombre et triste, ou bien de ce qu'étant plusieurs mâles dans une même cage, ils prennent de l'aversion l'un contre l'autre. Pour la première cause, il suffit de les mettre dans un endroit clair et gai; pour la seconde, on les tient dans une cage

particulière jusqu'à ce qu'ils soient entièrement guéris : on leur donne pendant
ce temps quelque petite douceur à manger, et l'on met un peu de réglisse dans
leur eau.

Maigreur. Les serins sont souvent
attaqués par de petits insectes désignés
sous les noms de poux et pucerons (*Voyez*
ces mots). qui se tiennent dans leurs plumes, ce dont on s'aperçoit lorsqu'on les
voit s'éplucher à chaque instant. Ces
animaux les fatiguent tellement qu'ils
maigrissent et finissent par mourir, surtout s'ils sont jeunes. On les en débar-
rasse en mettant dans leur cage des bâtons de sureau dont on a ôté la moelle,
et qu'on a bien nettoyés de leur écorce ;
on les perce de trous (où l'on ne puisse
passer que la pointe d'une aiguille) du
côté que les serins se perchent, à un
travers de doigt de distance l'un de l'autre. Ordinairement ces insectes se re-
tirent dedans, et on les détruit en les

secouant et nettoyant tous les jours. Si ces animaux sont en trop grande abondance, il faut changer les oiseaux de cage, et faire périr les insectes en lavant l'ancienne avec de l'eau bouillante.

Mal caduc. Le premier accès de cette maladie est souvent mortel; mais si l'oiseau en réchappe, il faut lui couper sur-le-champ le bout des ongles, et l'arroser souvent avec du bon vin qu'on souffle sur lui avec la bouche, et ne pas trop l'exposer au soleil. Les serins jaunes tombent plus souvent que les autres du mal caduc, et dans le temps même qu'ils chantent le plus fort. On prétend qu'il ne faut pas les toucher ni les prendre dans le moment qu'ils viennent de tomber, qu'on doit attendre qu'ils aient jeté une goutte de sang par le bec; que, dans ce cas, on peut les prendre, qu'ils reviennent d'eux-mêmes, et reprennent en peu de temps leurs sens et la vie. Il serait bon de constater cette observation dont quelques faits paraissent douteux : ce qu'il y a de certain, c'est que, quand ils ne périssent pas dans le premier accès, ils ne laissent pas de vivre long-temps, et quelquefois autant que ceux qui ne sont pas atteints de cette maladie. Il est probable qu'on pourrait les guérir tous en leur faisant une petite blessure aux pates, ainsi qu'on fait aux perroquets quand ils ont des attaques du mal caduc. Au reste, on ne doit pas faire couver un serin qui est sujet à cette maladie.

Mal au croupion, voyez *Bouton.*

Maladie d'amour. La femelle y est plus sujette que le mâle, et c'est au printemps, avant d'être appariée, qu'elle en est attaquée. Ils dessèchent peu à peu, et meurent en peu de jours. Dès qu'on s'aperçoit de cette maladie il faut les accoupler.

Malpropreté des pieds. Ce n'est pas à bien dire une maladie, mais c'en est le germe qui se développe, si on néglige de les nettoyer. Pour cela on prend l'oiseau dans sa main, et l'on ôte peu à peu le calus qui se forme sous les doigts, empêche l'oiseau de se percher, et fait souvent tomber les ongles. Quelques personnes se servent de salive ; d'autres, ce qui vaut mieux, les nettoient avec de l'eau, mais elle doit être tiède, si ce n'est dans les grandes chaleurs. Il faut aussi avoir les mains chaudes lorsque l'on prend l'oiseau.

Mites, voyez *Poux, Pucerons.*

Mue. Comme tous les oiseaux, les serins sont sujets à la mue. Les uns soutiennent assez bien ce changement d'état, et ne laissent pas de chanter un peu chaque jour ; mais la plupart perdent leur voix, et quelques-uns dépérissent et meurent. Dès que les femelles ont atteint l'âge de six ou sept ans, il en périt beaucoup dans la mue ; les mâles supportent plus aisément cette espèce de maladie, et subsistent trois ou quatre années de plus. Cependant comme la mue est un effet dans l'ordre de la nature plutôt qu'une maladie accidentelle, ces oiseaux n'auraient pas besoin de remèdes, ou les trouveraient eux-mêmes, s'ils étaient élevés par leurs pères et mères dans l'état de nature et de liberté ; mais étant contraints, nourris par nous et devenus plus délicats, la mue, qui pour les oiseaux libres n'est qu'une indisposition, un état de santé moins parfaite, devient pour ces captifs une maladie grave et très-souvent funeste, à laquelle il y a peu de remèdes. Au reste, la mue est d'autant moins dangereuse qu'elle arrive plus tôt, c'est-à-dire en meilleure saison. Les jeunes serins muent dès la première année, six semaines après qu'ils sont nés ; ils deviennent tristes, paraissent bouffis, et mettent la tête dans leurs plumes ; leur duvet tombe dans cette première mue, et à la seconde, c'est-à-dire l'année suivante, les grosses plumes, même celles des ailes et de la queue, tombent aussi. Les jeunes oiseaux qui ne sont nés qu'en septembre, ou plus tard, souffrent donc beaucoup plus de la mue que ceux qui sont nés au printemps; le froid est très-contraire à cet état, et ils périraient tous si l'on n'avait soin de les tenir alors dans un lieu tempéré et même sensiblement chaud. La mue dure six semaines ou deux mois, et pendant ce temps ils ne se cherchent ni ne s'accouplent point.

Quelques auteurs ont indiqué contre cette maladie certains remèdes dont l'efficacité n'est rien moins que prouvée; on se bornera donc uniquement à mettre pendant ce temps critique un peu plus de chénevis dans leur nourriture ordinaire, et un morceau de fer non rouillé dans leur eau : vous la changerez trois fois par semaine.

Peau cassée. Nom que les curieux donnent à l'extinction de voix des serins, ce qui leur arrive ordinairement après la mue, pour avoir été trois mois sans chanter. On leur donne alors du jaune d'œuf haché avec de la mie de pain, et on met dans leur eau de la réglisse nouvelle bien ratissée.

Pépie ou *chancre dans le bec*. Quelques personnes prétendent que la pépie est un mal qui vient à la langue des oiseaux; il se manifeste à son extrémité par une petite peau blanche, ce qui les empêche de boire et même de faire leur cri ordinaire; cependant d'autres révoquent en doute ce prétendu mal au bout de la langue, et assurent que ce qu'on prend pour la pépie n'est autre que les ulcères qui viennent au bout du bec des oiseaux; s'il en est ainsi, on doit s'abstenir de couper cette partie de la langue, puisque ceux qui croient par cette opération déraciner le mal, font souvent périr le malade. Ces ulcères se guérissent en mettant dans la boisson des serins de la semence de melon mondée et dissoute dans l'eau pendant trois ou quatre jours; on leur touche pendant plusieurs jours, mais légèrement, le palais avec une plume trempée dans du miel rosat animé avec un peu d'huile de soufre : le miel corrige la chaleur excessive du mal, et l'huile de soufre en éteint la malignité. Lorsqu'on voit quelque amendement après l'emploi de ces remèdes, on doit mettre dans la boisson un peu de sucre candi.

Poux, pucerons, mites. La malpropreté est la seule cause de cette maladie. On la préviendra facilement si les serins sont convenablement soignés. Voyez, au mot *Maigreur*, le moyen de faire périr ces insectes et d'en débarrasser les oiseaux.

Pucerons, v. *Poux, pucerons, mites.*

Serin échauffé. On le met pendant quinze jours à la graine de navette, à laquelle on ajoute de la graine de laitue et de séneçon, du mouron bien mûr, des feuilles de raves et autres herbes rafraîchissantes. On assure que le mouron et le séneçon sont très-dangereux pour les serins pendant l'hiver et aux approches du printemps ; il faut donc s'abstenir de leur en donner à ces époques. Voyez ci-après, à l'article *Purgation*, les symptômes qui annoncent qu'un serin est échauffé.

Serin trop gras. Les serins trop bien nourris engraissent au point d'en être incommodés ; dès qu'on s'en aperçoit, on doit leur ôter tous les alimens succulens, et ne les nourrir que de graine de navette ; s'ils ont de la peine à la manger, on la fera tremper quelques heures dans l'eau avant de la leur donner.

Tic. Cette maladie, qui est mortelle pour les serins, est très-souvent occasionée par la précipitation que l'on met à les prendre ; elle s'annonce, quand on les tient dans la main, par un petit bruit semblable à celui qui se fait entendre lorsqu'on tire un doigt en l'alongeant. Ce tic est fréquemment suivi de quelques gouttes de sang que l'oiseau jette par le bec. Il reste alors comme pâmé, et ne peut remuer les ailes; il faut le remettre promptement dans la cage, la couvrir d'une toile un peu claire, et la placer dans un lieu éloigné du monde, afin que le serin ne se tourmente pas. On mettra le boire et le manger au bas de la cage, dont on aura eu soin de retirer tous les juchoirs ou bâtons. De bonnes nourritures lui deviennent alors plus indispensables que jamais. S'il résiste au mal pendant deux heures, il est hors de danger. Comme cet accident n'est occasioné que par la faute de celui qui veut prendre l'oiseau, il faut user de précaution lorsqu'on veut en saisir un : on prélude de la voix et de la main en approchant de la cage ou de la cabane, afin de le préparer; lorsqu'il est dans une très-grande volière ou dans une chambre, il vaut beaucoup mieux le prendre avec un filet fait exprès pour cela.

CHAPITRE XX.

—

Des cas où la purgation est nécessaire.

Les oiseaux libres n'éprouvant guère les maladies dont nous venons de parler, la nature leur indique l'espèce d'aliment qui leur est propre ; mais il n'en est pas de même de ceux qu'on tient en captivité : bornés à une pâture qui n'est pas de leur choix, presque toujours privés de celle qui leur convient le mieux, il faut venir à leur secours si on veut les conserver long-temps. Ainsi que nous l'avons déjà dit, le tempérament des serins ne pêche que par trop de chaleur ; et comme, d'un autre côté, la qualité et l'abondance des alimens que nous leur présentons ajoutent encore à cette disposition naturelle et favorise le développement d'affections inflammatoires, on ne saurait veiller avec trop de soin sur leur santé, afin de combattre une indisposition qui dégénérerait bientôt en cette maladie que nous avons décrite sous le nom d'*avalure* (voyez ce mot). On s'aperçoit qu'un serin a besoin d'être purgé, lorsqu'il a de la peine à pousser la fiente, et quand il renverse continuellement avec son bec la graine qui est dans son auget, ce qui prouve qu'il mange très-peu. On purge ces oiseaux avec de la graine de melon mondée et toutes sortes d'herbes rafraîchissantes, telles que feuilles de laitue, de rave, de séneçon, de poirée et de mouron ; et on leur donne pour boisson de l'eau sucrée avec de la réglisse. En purgeant ainsi les serins deux fois par mois, sans attendre que le besoin s'en manifeste, ils seront toujours gais, bons chanteurs et de bon appétit.

CHAPITRE XXI.

—

De l'infirmerie.

Une infirmerie est nécessaire à ceux qui ont beaucoup de serins; car il est rare que dans le nombre il n'y en ait pas de malades, et on ne peut les guérir si on ne les sépare pas des autres. Un serin malade, mis dans une infirmerie telle que nous allons la décrire, est à moitié guéri; il suffit de lui donner ce qui est propre à la maladie dont il est attaqué, et avoir soin de ne le remettre avec les autres que lorsqu'il est parfaitement guéri. Cette infirmerie consiste en une cage d'une bonne grandeur, doublée dessus, derrière et des deux côtés, d'une serge épaisse rouge ou verte, et qui ne reçoive le jour que par le devant; elle doit être faite en osier et non en fil de fer qui est toujours froid et humide. On place cette cage au soleil, dans l'été, et pendant l'hiver dans

un lieu où l'on fait toujours du feu ;
mais il faut éviter la fumée, parce qu'elle
est pernicieuse aux serins malades et
même à ceux qui sont en bonne santé ;
elle les fait souvent mourir.

CHAPITRE XXII.

—

**Des précautions à prendre lorsqu'on veut trans-
porter les serins d'un lieu à un autre.**

On ne doit les mettre en route ni dans
le cœur de l'hiver, ni dans le mileu de
l'été, les saisons les plus favorables sont
le printemps et le commencement de
l'automne. Si le chemin qu'ils doivent
parcourir est long, comme cent ou deux
cents lieues, on doit les faire séjourner
de trois jours l'un. Il faut que leur cage
soit de bois, longue et basse, de sorte
qu'ils puissent se promener sans pouvoir
voler. Si dans le nombre il s'en trouve
de méchans, on fait deux petites sépa-
rations dans les coins de la cage, afin

de les y tenir à l'écart; sans cette précaution, les autres arrivent déplumés et maltraités de toutes les manières. On les tient toujours couverts d'une toile, la couleur est indifférente, mais elle ne doit pas être trop épaisse, ce qui les échaufferait, il faut qu'ils puissent entrevoir un peu le jour pour manger et ne pas s'ennuyer. Si c'est à une distance peu éloignée qu'on les envoie, on doit les porter à pied, soit sur le dos, soit à la main, car à cheval on les secoue trop, et dans une voiture ils fatiguent beaucoup, à moins qu'elle ne soit bien suspendue; alors on fixe la cage sur l'impériale, où ils sont même beaucoup mieux que dans la voiture s'il ne pleut pas. La conduite que l'on doit tenir pour leur nourriture de voyage consiste à leur donner le premier jour une partie de leur graine concassée; le second jour on leur fait une pâtée avec un œuf dur haché menu et de la mie de pain humectée; le jour de repos, qui est le troisième, on les recrée avec de la graine de mouron et du séneçon, et on découvre leur cage : si ce n'est pas la saison de ces graines, on y supplée par celle de laitue, et l'on continue ainsi jusqu'à ce qu'ils soient arrivés à leur destination. Il ne faut pas oublier de mettre dans leur abreuvoir une petite éponge qui surnagera dans l'eau, et que l'on changera deux fois le jour. Cette éponge bien imbibée suffira pour désaltérer les serins, qui ne manqueront pas de la becqueter lorsqu'ils auront soif.

CHAPITRE XXIII.

De la durée de la vie des serins.

Une observation constante qui porte sur tous les serins en général, quelle que soit la variété à laquelle ils appartiennent, c'est que plus ils travaillent à la propagation, et plus ils abrègent leur vie. Un serin mâle, élevé seul et sans communication avec une femelle, vivra

communément treize ou quatorze ans;
un métis provenant du chardonneret,
traité de même, vit dix-huit et même
dix-neuf ans; un métis provenant du
tarin, et également privé de femelle,
vivra quinze ou seize ans : tandis que le
serin mâle, auquel on donne une femelle ou plusieurs, ne vit que dix ou
douze ans, le métis tarin onze ou douze
ans, et le métis chardonneret quatorze
ou quinze : encore faut-il avoir l'attention de les séparer tous de leurs femelles
après les pontes, c'est-à-dire depuis le
mois d'août jusqu'au mois de mars;
sans cela, leur passion les use, et leur
vie se raccourcit encore de deux ou trois
années. On voit, d'après ce que nous
venons de dire, que, toutes choses
égales d'ailleurs, les métis, qui sont plus
forts et qui ont la voix plus perçante,
l'haleine plus longue que les serins de
l'espèce pure, vivent aussi plus long-
temps qu'eux.

FIN.

TABLE

DES CHAPITRES.

FIN DE LA TABLE DES MATIÈRES.